新雅‧知識館

程式設計輕鬆學

——孩子必備的電腦學習書
KIDS GET CODING

希瑟‧萊昂斯　伊麗莎白‧托威戴爾 / 著

亞歷‧西門 / 繪

新雅文化事業有限公司
www.sunya.com.hk

專家推薦序 一

　　人家說「養兒一百歲，長憂九十九」，近年跟有孩子的朋友閒談，深切體會家長的虛怯。不是嗎？新聞近年常常講人工智能（Artificial Intelligence，AI）如何替代人類、十年內消失的職業等，除了低學歷低技術的工種，連一向備受尊崇的專業如會計師、醫生、律師也不能倖免；同一時間，差不多每個家長也對年輕一代只顧低頭打機、不會抬頭看人而大皺眉頭。

　　我不懂看水晶球，但任誰也看到近十多年互聯網如何顛覆世界（聽說很多人外出寧願沒帶錢包也不能沒有手機，而從洗衣機，到街上的綠化牆和垃圾桶也連線）。所以，各位親愛的家長，前路的確比我們成長的十多廿年前更多未知數。

　　既然資訊科技（IT）已經滲透各行各業，逃也逃不了，唯今之計，是讓孩子儘早掌握箇中竅妙，不要停留在用家階段，化被動為主動。而編寫程式（簡稱「編程」，coding）正是掌握電腦語言，從而了解和掌控電腦運作模式的法門，一如學習普通話從 bo、po、mo、fo，或者英文由 ABC 開始。

　　美國勞工部指出，IT 就業前景非常理想，估計 2014 至 2024 年的十年間，IT 相關的職位增幅達 23%，是全國平均數的三倍半。市場對 IT 技能的需求殷切，供應卻完全脫節，譬如在 2015 年，全美的 IT 空缺達 50 萬個，受相關訓練的新畢業生卻不足 4 萬！全球多國也意識到問題嚴

峻，因此澳洲、英國、北歐、南韓、新加坡等地，紛紛要把編程加入正式的學校教育中。

回到香港，目前有部分中小學已開始把編程加入正規課程，同時，我兼任主席的 Esri 中國（香港）也在去年推出了亞洲首個電子學習項目「Map in Learning」計劃，讓全香港中小學免費享用專供政府和企業使用的專業地理資訊系統軟件 ArcGIS Online，希望學生在學習編程之外，也透過這個軟件開發多元潛能，增進解決問題的能力。

編程學習在香港仍在起步階段，所以看到這本集趣味和知識於一身的《程式設計輕鬆學——孩子必備的電腦學習書 KIDS GET CODING》出版，格外感到欣喜。我期待未來會有本地作者以這些題材創作，不單為兒童，也為我們的家長開啟這道通往未來的大門！

鄧淑明博士
香港大學計算機科學系榮譽教授
智慧城市聯盟督導委員會主席

專家推薦序 二

有沒有發現，從小到大看電視電影，通常選擇使用、製作機械人和發明高科技武器的角色也是大壞蛋？我這名觀眾兼「科技人」經常也為此滿頭問號，因為我所認識的科技界朋友也是好人居多，更沒有妄想征服世界的大壞蛋。那麼，為什麼正義聯盟較少利用機械人？難道好人就只能依靠超能力對抗壞人？只有壞人才懂得運用科技？

不過幸好，近年的電影中，正義的一方總算學「聰明」了。超級英雄團隊《復仇者聯盟》的「鐵甲奇俠 Ironman」Tony Stark 就是一位出色的工程師，他既能夠製作戰鬥裝甲，也能夠設計家中多才多藝的人工智能管家 J.A.R.V.I.S；《大英雄聯盟》的少年主角阿廣也是一名天才發明家，能夠製作自己和朋友的裝備，與機械人「Baymax 醫神」一起保護和平。科技本身並無好壞之分，只要落在好人的手中，就能夠為世界解決問題，幫助有需要的人；而且不同超能力，這種「現實超能力」是可以學習而得的——對，你今天就可以開始！第一步就是了解科技產品的語言，學懂與它們溝通。

科技早已遍布現代人的日常生活，而且影響力只會有增無減。電腦、網絡和機械人將會負責運作未來的經濟和社會，要充分活用這些工具，最直接的方法就是使用能指示它們工作的「母語」，也就是 C#、Java、Javascript、Python 等程式語言，像電腦一樣思考，像電腦一樣「溝通」！多個國家已將編程（Coding）列作小學 IT 課程的必修課題，小朋友上堂除了學習使用常見的軟件，更有機會創作自己的程式，從小學習這些「未來世界語言」。

小朋友在編程的過程中需要運用邏輯思維、解難能力，又需要細心為程式「捉蟲」，期間既鍛煉思考能力，又能學習專業知識。其實程式語言看似複雜，背後一樣是依靠邏輯思維、組織能力和創意，能否學懂編程，分別只在於小朋友的潛能有否適時培養。現在的教材已經可以用圖畫、遊戲表達編程背後的基本原理，連小朋友也不難理解；加上他們大多喜歡玩電腦遊戲，有動機又有教材，何不讓他們學懂開發自己的遊戲？相信這種「玩電腦」一定會受家長歡迎。

　　各位大人，電腦智能已經融入我們的日常生活，如果不想將來被它們「控制」，不如教小朋友掌握主動權，學懂發明和使用這些技術的語言。至於小朋友，不用多說了——你想成為下一個「鐵甲奇俠 Ironman」嗎？學懂編程，你也可以成為「超級英雄」，保護世界！

黃岳永

香港科技大學商學院客座教授及工程學院副教授
香港電子學習聯盟主席
香港資訊科技商會會長

目錄

第三篇：演算法與錯誤

第四篇：安全上網的法則

第一篇
奇妙的
數碼時代

希瑟・萊昂斯、伊麗莎白・托威戴爾 / 著

亞歷・西門 / 繪

讓我們一起探索吧!

大家好!我是**數據得**!從現在開始,將由我帶領着你們,一起去探索這個奇妙的數碼時代!還等什麼呢?趕快出發吧!

電腦與網絡連結了全世界,我們現今進入了數碼時代。人們在生活中都配備了許多數碼設備,這些設備到底是什麼來的呢?答案就是:帶有電腦的設備。接下來,我們會進入電腦的內部世界,看看它怎樣儲存信息,又怎樣跟隨指令去完成不同的任務。

數據得

在我們開展這奇妙的學習旅程之前,大家快來看看以下這些重要的詞語吧。

電腦 computer

輸入 input

輸出 output

像素 pixel

檔案 file

位元 bit

位元組 byte

元數據 metadata

百萬位元組 megabyte(MB)

吉位元組 gigabyte(GB)

太位元組 terabyte(TB)

{11}

電腦能做些什麼呢？

電腦是一種多功能的機器，它當然不能像人類一樣進行思考，可是它能儲存信息，還能聽從指令。我們可以用電腦去買電影戲票或者觀看影片，還能利用它搜索資料，幫助我們完成作業。

電腦的體積大小不同，形狀各異。有的電腦帶有鍵盤和熒幕，例如筆記本電腦或桌上型電腦；有的電腦帶有輕觸式熒幕，例如平板電腦或手機；還有許多其他類型的電腦，它們隱藏在不同的物體中，比如洗衣機、音樂播放器，還有紅綠燈等等。

機器好幫手

小朋友，平日你最常用電腦來做些什麼呢？請你參考以下的例子，說說看。

- 我們可以用電腦在網上搜索信息。

- 我們可以用電腦寫作或是畫畫。

- 我們可以用電腦幫助我們做數學作業，製作圖表。

數據得

只要留心觀察周圍，你很快就會發現，電腦簡直無處不在！你身邊有哪些設備藏着電腦呢？哪些又沒有呢？趕快去找找看！

輸入與輸出

電腦是由很多不同的部件組成的。有些部件專門用來儲存信息，還有一些是為了讓我們看到或者聽到信息。

處理器與記憶體

電腦把文件和程式儲存在它的「記憶體」中。當我們給電腦下達指令時，處理器（processor）（它相當於我們的大腦）就會接收這些指令，並根據指令採取行動。接着，它就會把信息顯示在熒幕上給我們看。它既不是輸入設備，也不是輸出設備。

攝像鏡頭

攝像鏡頭會把電腦「看到」的信息輸入電腦內部，所以，它是一個輸入設備。

熒幕

電腦通過熒幕來顯示信息。所以，它是一個輸出設備。

鍵盤

有了鍵盤，我們就可以把信息輸入電腦。所以，它是一個輸入設備。

滑鼠

我們使用滑鼠在熒幕上選擇東西，或移動它們的位置，而它在熒幕上會顯示成一個箭嘴「游標」。所以，它也是一個輸入設備。

揚聲器

聲音信息會從揚聲器裏傳出，所以，它是一個輸出設備。

你知道這些裝置有何分別了嗎？輸入設備可以幫助我們向電腦傳達信息，而輸出設備幫助我們看見或是聽見電腦傳出的信息。

輸入還是輸出？

小朋友，你能在以上這些孩子中，找出他們有哪些在把信息輸入電腦（輸入），哪些正在從電腦接收信息（輸出）呢？請說說看。

（答案見第 98 頁）

五花八門的內容！

電腦能夠儲存不同類型的內容，包括：學校的課堂簡報、音樂、電影、作文、照片，以及遊戲，簡直什麼都有！這些全都是不同種類的數碼內容。

電腦將數碼內容儲存並保存在檔案裏。我們需要利用專門的程式，又稱為「應用程式」（application），去打開這些檔案，從而查看裏面的內容。

不同種類的數碼內容，需要用不同的程式去打開，所以，就有了閱讀和書寫的程式、欣賞照片的程式，看電影或是聽音樂的程式、還有瀏覽網頁的程式等等。

不同種類的檔案，各有不同的檔案格式，在檔案名稱中的最後幾個字母會告訴我們：該用哪一種程式來打開它們。你會經常看到以下這些字母：

.pdf
說明這是一個含有圖片和文字的文檔

.html或.htm
說明這是一個網頁

.doc或.docx
說明這是一個Word文檔

.jpeg或.jpg
說明這是一張照片

數據得

檔案名稱末的這些字母，叫做「副檔名」（file extension）。

配對遊戲

小朋友，你知道下面這些不同的數碼內容應該分別用哪些應用程式來開啟嗎？請說說看。（答案可重複使用。）

（答案見第 98 頁）

1. 作文

2. 課堂簡報

3. 寫作詩歌

4. 照片

5. 電影

6. 網頁

7. 歌曲

A. 網頁瀏覽器

B. 音樂播放器

C. 影片播放器

D. 圖像編輯程式

E. 演示軟件

F. 文書處理器

儲存與命名

當我們要把工作或資料儲存進電腦，就需要給這個檔案取一個我們能夠記住的名字，這就叫「命名」。這樣，當我們需要再次打開它的時候，就能很快找到了。

在電腦上命名檔案的時候，我們必須想出一個自己能夠記住的名字，而且不能和其他的檔案混淆。你們看，我給我的檔案取了一個名字：數據得__歷險記.doc。

電腦裏有許多不同的地方，可以讓我們儲存自己的工作，比如「桌面」。當我們一打開電腦，就會看到桌面。我們可以把自己的工作儲存在這裏。可是，如果桌面上堆滿了太多的檔案，一定會變得亂七八糟。這就好比你的房間，要是你不好好整理自己的玩具，那會亂成什麼樣子呀！

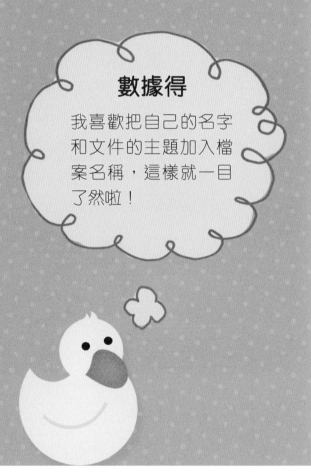

數據得

我喜歡把自己的名字和文件的主題加入檔案名稱，這樣就一目了然啦！

除了桌面，電腦裏還有其他的地方可以讓我們儲存檔案。在學校的時候，我們每個人可能都有一個專屬的資料夾，上面寫有我們自己的名字。在電腦裏，我們同樣可以擁有一些特殊的資料夾，用來儲存不同類型的東西，比如照片或是音樂。

要記住，在儲存檔案的時候，一定要仔細想想，它裏面有些什麼重要的信息需要寫在檔案名稱上的，以便清楚表達這個檔案是什麼，並儲存在合理的地方。這樣，等你下一次需要使用的時候，就能很快找到它了。

命名遊戲

現在，就讓我們來玩個檔案命名的遊戲吧！你會給下面的這些內容取什麼名字呢？又會把它們儲存在哪裏？請說說看。

A. 一篇關於你暑假的文章

B. 一個有關宇宙的簡報

C. 一張大樹的照片

D. 一個有關足球的網頁

（參考答案見第 98 頁）

位元與位元組

電腦其實只會接受「開」和「關」的這兩種信息，這些開關就像是我們家裏的電燈一樣。當電腦的大腦——處理器，在收到程式指令後，會通過一系列的小開關來運算，以執行任務。

我們儲存在電腦裏的檔案和程式，全都是由許許多多個 0 和 1 組成的。電腦能理解 0 和 1，因為它知道：1 用來表示「開」，而 0 則表示「關」。

舉個例子：如果我們要讓電腦寫出字母 A 來，處理器就會把這個字母儲存為 01000001，因為對電腦來說，這就代表了 A。

每一個 0 或者 1 就代表 1 個「位元」（bit）。現在就請你數數，電腦正在儲存的這個字母 A，包含了多少個位元呢？

A

01000001

數據得

當我們在儲存檔案的時候，我們必須考慮到一個問題，那就是：這個檔案會佔據電腦多少的記憶體空間呢？要是地方不夠，那不是慘了嘛！

Bit（位元）是最小的儲存單位。
8 bits（位元）＝ **1byte**（位元組）。

1,000 bytes ＝ **1KB**
（kilobyte 千位元組）。
k 是 Kilo 的縮寫，代表一千。
1KB 的空間足夠儲存一頁作文啦！

1,000KB＝**1MB**
（megabyte百萬位元組）。M是Mega的縮寫，代表一百萬。1MB的空間可以儲存一張照片。

電腦記憶體

哪個檔案最大呢？

小朋友，你能將下面這些檔案大小，由小到大排列起來嗎？

A. 20 kilobytes（20KB）
B. 2 gigabytes（2GB）
C. 10 bytes
D. 10 megabytes（10MB）
E. 500 kilobytes（500KB）

（答案見第 98 頁）

1,000MB＝**1GB**
（gigabyte吉位元組）。G是Giga的縮寫，代表十億。1GB的空間能夠儲存一部電視節目。

USB 3.0

1,000GB＝**1TB**
（terabyte兆太位元組）。
T是Tera的縮寫，代表一兆。1TB的空間可儲存4百萬張照片。

搜尋與排序

在我們儲存一個檔案的時候，我們還同時存下了許多關於它的信息。這就意味着：當我們需要再次找到這個檔案的時候，可以通過很多方法進行搜尋。

當我們在書架上尋找一本書時，我們通常會搜索它的書名。可是，我們還可以通過其他的辦法找到它，比如辨認封面的顏色，又或者是封面上的圖片。在電腦上尋找檔案時，也是同樣的道理：我們可以使用一大堆的信息來幫助我們。這樣的信息，叫做「元數據」（metadata）。

有些信息總會和我們的檔案名稱一起出現，它們是：我們儲存檔案的日期，檔案的大小，儲存檔案的地方，以及檔案的副檔名。

數據得

還記得嗎？「副檔名」就是檔案名末的字母，能告訴我們檔案的種類。它同樣能幫助我們搜尋和排序檔案喔！

排序元數據

小朋友，請你看看以下電腦熒幕上的檔案資料，你能找出下列問題的答案嗎？請說說看。

A. 哪個檔案是最新儲存的？
B. 哪個檔案最大？
C. 哪個檔案最小？

（答案見第 98 頁）

	名稱	修改日期	大小	類型
1.	太空人的故事.doc	今天 13:54	100 KB	Microsoft Word document
2.	小企鵝.jpg	11/8/2016 16:19	3.3 MB	JPEG 圖像
3.	時間表.xls	2/3/2016 14:16	11 KB	Microsoft Excel worksheet
4.	第二章.pdf	7/11/2016 11:08	230 KB	Adobe PDF document
5.	我的文件	昨天 09:37	- -	Folder
6.	放風箏.mov	6/2/2016 17:49	47 MB	QT movie

逼真的照片

自從數碼相機面世之後，我們常在電腦上欣賞照片。可是你知道電腦是怎樣儲存圖像的嗎？程式又是怎樣讀取信息，然後把這些圖像在熒幕上顯示出來呢？

我們在電腦熒幕上看圖像的時候，所看到的，其實是感應器上分成數以百萬計的小正方形，稱為「像素」（pixel）。像素也是透過開關的形式來操作，它可以被打開，也可以被關閉。每一個單獨的像素可以為我們呈現出一種顏色，並有幾百萬種的顏色變化。

熒幕上，每一個像素都有各自特定的位置。比如右邊的這張圖像，網格左上角的那個像素的代號是（0,0），而網格綠色的那個像素的代號是（6,8）。

那麼，鴨子的紅色嘴巴的代號就是（1,6）而它的黑色眼睛的代號是（3,5）。

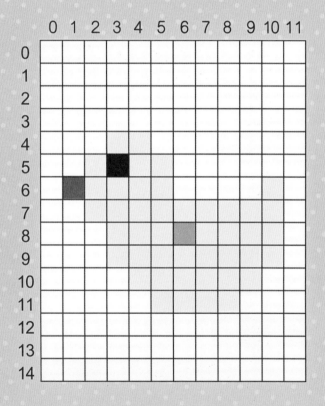

電腦在儲存一個圖像檔案的同時，也存下了每一個像素的顏色和位置。當我們以圖像編輯軟件打開圖像檔案的時候，它就會讀取存在裏面的這些信息。

打開與關閉

現在假設，你的電腦熒幕只能顯示黑與白這兩種顏色。它的像素可以打開，也可以關閉。打開的時候就是白色，關閉的時候就是黑色。

下面的這張圖是一個笑臉的圖像，可是淘氣的數據得來搗蛋，在圖像上把部份像素打開了！這令圖像變得不完整呢。小朋友，你認為哪些像素應該要關閉起來，才會令圖像完整呢？請你找出哪些像素需要被關閉，然後在適當的位置填上黑色吧。

（答案見第 98 頁）

數據得

記得當像素像關起來的時候，它就會顯示成黑色。

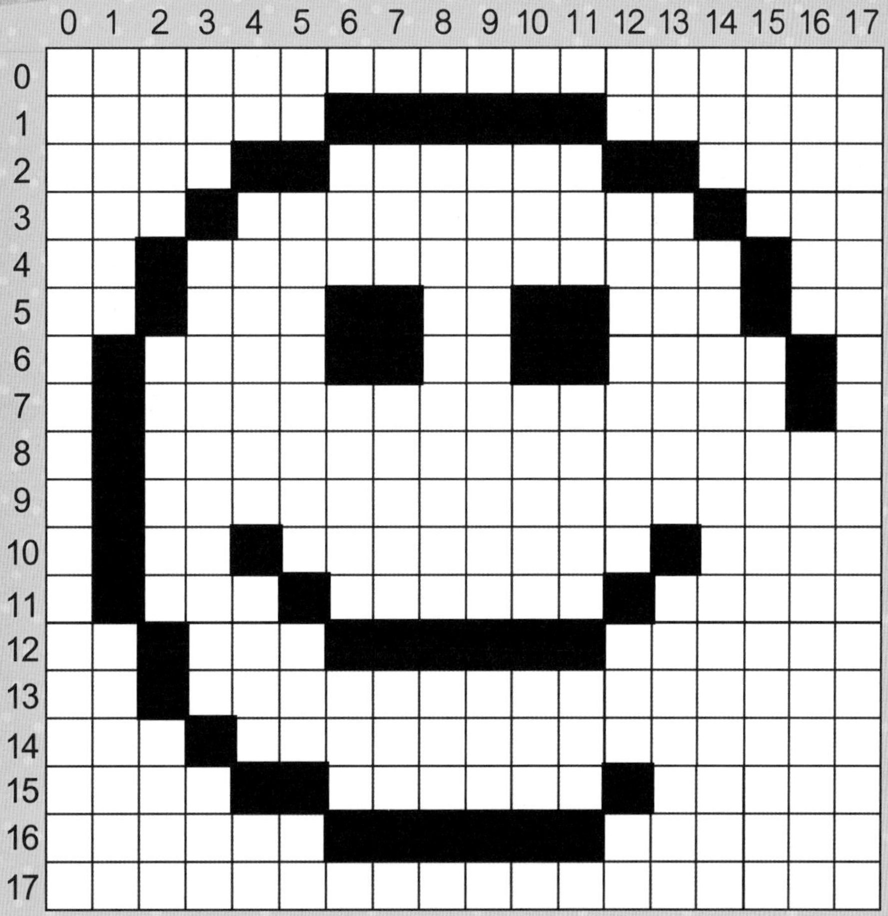

電影動畫

我們已經知道，電腦是怎樣顯示圖像的。那麼現在，請你仔細想想，我們可以用圖像來做些什麼呢？

原來，幾千張圖像可以組成一段動畫影片呢！當然，這些圖像得一張接着一張放映，播放的速度還得非常快喔！

我們在觀看影片的時候，每一秒會看到 30 張不同的圖像。因為圖像播放的速度很快，所以看起來就像是在移動一樣。

大家快來看看，

在 00：03：20 的時候，圖中的男孩在做什麼？

00:03:10

00:03:20

00:03:30

00:03:40

數據得

除了圖像，影片還可以帶有聲音呢！只要給電腦預先設定加入聲音檔的時間，它就可以在播放影片時，同時播放圖像和聲音了。

製作一本屬於你的動畫書吧！

你想體驗圖像如何化成動畫嗎？小朋友，我們可以一起試試動手製作一本動畫書，這樣你就會更容易明白動畫的製作原理了。

材料：
- 1 張 A4 紙
- 鉛筆
- 剪刀
- 釘書機

步驟：

1. 將一張 A4 紙對摺一半，再對摺，然後重複對摺第三次。
2. 將紙打開，沿着摺痕將它剪成八張小紙張。
3. 在第 1 張紙張上畫一枚火箭；
4. 在第 2 張紙張上再畫一枚相同的火箭，不過它的位置則稍微往旁邊移動一些；
5. 在第 3 張到第 8 張紙張上重複畫出火箭，每畫一枚就往旁邊移動一些。
6. 按照 1 到 8 的順序將紙張整齊疊放，然後用釘書機固定在一側。
7. 最後，你可以快速翻動這 8 張紙張，這樣你的第一本動畫書已經製作完成啦！

小朋友，你能再多做一本動畫書，給我們講個故事嗎？

發出聲音

現在，我們已經知道了電腦播放圖像和影片的運作方法，那麼我們來看看電腦中常見的另一種內容格式啦，那就是——聲音！

小朋友，你有看過下面這張有趣的圖片嗎？

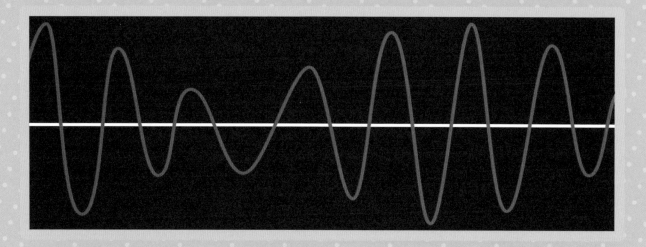

對電腦來說，這就是聲音。圖片中上下起伏的曲線，叫做「聲波」。波浪越高，聲音就越響，波浪越低，聲音就越輕，也就更安靜。波浪之間靠得越近，音調就越高，離得越遠，音調就越低。

電腦還有一個功能，就是改變聲音。我們可以修改用麥克風錄下的聲音，或是存進電腦裏的歌曲。

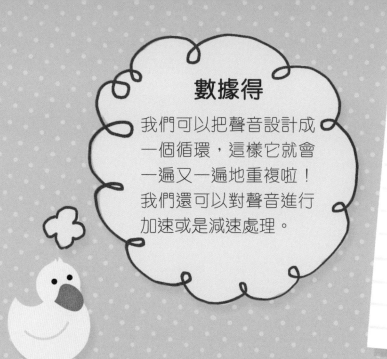

數據得

我們可以把聲音設計成一個循環，這樣它就會一遍又一遍地重複啦！我們還可以對聲音進行加速或是減速處理。

解讀聲波

在下面的這張圖片裏，出現了三組不同類型的聲波。

1. 哪一組聲波的音調最低？
2. 哪一組聲波的聲音最響？
3. 哪一組聲波的聲音最輕呢？

（答案見第 98 頁）

第二篇

學習程式設計

希瑟‧萊昂斯、伊麗莎白‧托威戴爾 / 著

亞歷‧西門 / 繪

讓我們一起探索吧！

大家好！我是**數據得**！從現在開始，將由我帶領着你們，一起去探索電腦程式設計的奇妙世界！

電腦程式是什麼？

人們透過編寫程式（coding）來指示電腦完成特定的任務，而電腦程式設計員（computer programmer）就是專門編寫程式的人，電腦程式會告訴電腦要做些什麼。

數據得

在我們開展這奇妙的學習旅程之前，大家快來看看以下這些重要的詞語吧！

演算法 algorithm	物件 object	Java
程式 program	語法 syntax	坐標 coordinate
超文本標示語言 HTML	Python	Scratch

電腦程式有很多種類和不同的功用，有些程式可以方便我們購物、有些則幫助我們搜尋資料；而你最愛玩的電腦遊戲也是電腦程式的一種呢！這一篇章將會讓你認識電腦程式，學習程式設計，指揮電腦工作，幫助我們解決生活上的難題。

什麼是程式？

電腦程式就是指揮電腦工作的語言指令，程式（program）就像一份長長的清單，清單上寫着一步步的指示去告訴電腦做什麼，這張清單也叫做「演算法」。它是用了一種電腦能理解的語言寫成，而這種語言就叫做「編碼」（code）。

人類的大腦很厲害，能夠靈活地分析出句子中繁複的意思，並把它轉為指示。比如說：如果有人在遊樂場上大叫：「快從滑梯上滑下來」，那我們會馬上明白他的意思是叫我們先爬上滑梯，然後坐下並滑下來。

但是，對電腦來說，這個指令太難了！因為電腦無法自己思考，我們就必須先將「玩滑梯」這件事分拆成為一步步的指示，電腦才會懂得如何執行，例如：

1. 走到滑梯旁的爬梯
2. 由爬梯攀登上平台
3. 在平台上坐下
4. 沿着滑板滑下來

指揮機械人走路

請你把一位朋友當成機械人，你需要下指令去教「它」走一個正方形，趕快寫下你的指令吧！

你的指令是否清晰呢？如何可以表達得更清楚呢？

數據得

提提你，機械人只會一板一眼地依照人們給它下的指令來執行任務，雖然它不會偷懶少做，但也絕不會多做。

電腦語言

在地球上，世界各地的人類各有不同的語言。其實，電腦也一樣有各種不同的程式語言呢。當你指揮電腦執行指令時，就必須用上一種電腦能夠明白的語言來進行編寫，這就是「編碼」。以下有四種不同的電腦語言，快來一起認識吧！

超文本標示語言（HTML）是一種電腦網頁設計語言，用來指定網頁上的連結、指定圖文顯示形式，把各種內容顯示成為網頁。有了 HTML 這個電腦語言，即使透過不同的網頁瀏覽器（比如 Safari，Chrome 或 Internet Explorer），電腦都能呈現出相同的網頁內容了。

Scratch 是一種專門針對兒童學習程式設計的軟件，可選擇中文或英文介面指令。它把複雜的指令變為圖像式的積木，孩子們只要拖放（drag and drop）不同的角色、指令方塊（block）來選取程式命令語句，就可以組合出一個完整的電腦程式。

Python 的功能是在網絡上搜尋資料，並對所有儲存在電腦裏的信息加以整理。

Java 的部分功能和 Python 相同。此外，它還可以編寫電腦遊戲和手機應用程式。

數據得

電腦程式設計員會按照不同的工作性質來選擇一種最合適的語言來編寫程式。比如說：Python適合用來整理資料，而HTML則適合用於編寫網頁。

選取和配搭

程式員需要使用不同的電腦語言，這就好比不同行業的人，需要不同的說明書一樣。你能為以下這些人物找到他們所需要的說明書嗎？

（答案見第 98 頁）

A 美味食譜

B 醫學字典

C 汽車修理

D 房屋建造指南

1   2   3   4

編碼的規則

在電腦語言中，會用上許多的符號、字母和數字。它們必須通過一種特殊的方式組合在一起，只有這樣，電腦才能理解。

在編寫程式的時候，程式員必須遵守一系列的格式和規則，這些叫作「語法」。語法規定了符號、字母和數字應該怎樣組合在一起。如果我們不遵守語法，編碼就會出現問題，那時電腦就會變得混亂，再也不知道應該去做什麼了。

下面有一條 Python 編碼，會讓電腦在熒幕上顯示出「Happy Birthday」。如果你要讓這句話出現在熒幕上，那麼在編碼中，就必須把文字放在雙引號之間，並加上括號。

print（"Happy Birthday"）

（ ）　　 " "

括號　　　　雙引號

數據得

在編寫程式的時候，有一點非常重要，那就是：一定要把所有的字母和符號放在正確的位置，而且絕對不能遺漏！

Hello, World!

下面的這四種語言，同樣是命令電腦在熒幕上顯示「Hello, World!」。請你仔細觀察，看看在每一種編碼的語法中，有哪些相同的地方，又各自使用了哪些符號呢？請說說看。

（答案見第 98 頁）

HTML
```
<BODY>
<P>
"Hello, World!"
</P>
</BODY>
```

Python:
```
print("Hello, World!")
```

Java:
```
public class HelloWorld
{
 public static void main(String[]args)
 {
  System.out.println("Hello, World!");
 }
}
```

Scratch:

點擊

說出 "Hello World!"，等待兩秒

程式錯誤

有時候，電腦程式也會出錯。如果程式在演算法上出了問題，它就會出錯，這就稱為「錯誤」(bug)。我們就要找出程式中的問題所在，並解決問題，這個過程叫做「除錯」(debug)。

　　除錯的第一步，就是要確保給電腦設定了正確的指示。我們必須檢查在編碼語法中，所輸入的內容拼寫是否正確，以及使用上正確的符號。因為指令拼寫錯誤，就會導致程式產生錯誤，我們就要糾正它。

　　例如，當我們要讓程式中的一個角色跳上跳下，就應該輸入指令「Jump up and down」，假如你不小心鍵入了「Lump op and don」，電腦就會不明白你的指令了。

　　小朋友，你知道什麼是圖龜程式嗎？那就是透過運用「烏龜」和「畫筆」這兩個指令，在程式中輸入不同的指令＊來移動圖龜，這樣就可以指揮電腦在熒幕上繪畫出不同的圖案。

一起來畫畫吧！

現在，Python 也可以用來控制圖龜畫圖畫呢！請你仔細看看下面的兩組 Python 編碼，A 組的編碼是正確的，你能在 B 組的編碼中找出錯處嗎？請用紅色筆把錯誤圈起來。

（答案見第 98 頁）

數據得

提提你，在編寫程式的時候，我們要小心不要遺漏所需的文字和符號，也不可以隨便多加文字和符號。而且，所有的文字、符號和編碼行都必須依照特定的編碼語法，按正確的次序排列！

A
```
import turtle
t = turtle.Pen()
t.forward(50)
t.left(90)
t.forward(50)
t.left(90)
t.forward(50)
t.left(90)
t.forward(50)
t.left(90)
```

B
```
import turtle
t = turtle.Pen()
t.forward(50)
t.left(90)
t.for(50)
t.left(90)
tforward(50)
t.left(90)
t.forward(50)
t.left90)
```

* 首先，導入烏龜 (import turtle)， t 表示烏龜，畫筆 pen( ) 即在括號內輸入代表距離的數值，例如：t.forward(50)，即指示烏龜向前行 50 步。

畫圖龜的基本指令，包括：前行 (forward)、後退 (backward)，左轉 (left turn)、右轉 (right turn) 和重複 (repeat) 等等。

「如果」、「否則」指令

別以為電腦不及人腦靈活，它就不能為我們作出選擇呢。其實，我們只要給電腦預先設定我們對某些事情的要求或將會碰到的特定情況，它就會根據命令為我們執行任務。程式員可以在演算中使用「如果」指令（If…then…）來設定條件，幫助電腦作出簡單的判斷，從而讓它自行作出不同的選擇呢。

在生活中，我們也常常會假設遇到不同的情況而需要作出選擇。比如，每天早上，我們會按照當日的天氣來選擇合適的衣着。現在，電腦也可以為你作出選擇，告訴我們該穿什麼出門了：

「如果」指令（If…then…）：
IF it is rainy, THEN wear wellies.
如果是（下雨天）就（穿雨靴）。

　　　　條件　　　執行的行動

另外，當選項多於一項時，我們也可以使用「否則」指令(If…then…else…)，讓電腦選出其中一種行動。

「否則」指令(If…then…else…)：

IF it is rainy, THEN wear wellies, ELSE wear sandals.
如果是下雨天，就穿雨靴，否則就穿涼鞋。

讓我們透過以下的流程圖來展現以上的例子吧，使大家更容易理解「否則」指令。程式員也常常用上流程圖來幫助設計程式呢。

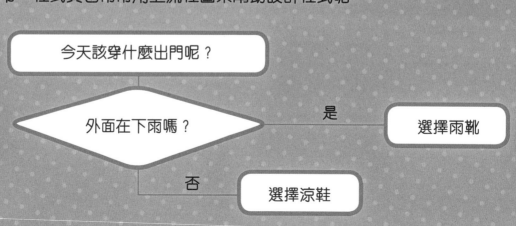

午餐盒

請按照以下的條件給電腦設定出合適的選擇，請你找出合適的午餐並把代表答案的英文字母填在下面的空格內。

（答案見第 99 頁）

數據得

在編程式上，我們常常用到「如果」（If…then…）這種條件式指令。「If」是「如果」的意思，這就是我們設下的「條件」（condition）；「then」是「就」的意思。當條件成立的時候，它就會執行該行動。而「else」則是「否則」的意思，當條件不成立的時候，它就會執行第二個行動。

我應該帶哪個午餐盒好呢？

我想吃冷盤嗎？

是

是

我想吃肉嗎？

否

A 芝士三明治

B 烤雞

C 薯仔火腿沙律

D 芝士通心粉

粟米脆片

四處移動

當電腦程式員想要讓角色或對象在熒幕上移動時，他就需要給電腦指示出位置指令，這也是演算法的一部分。

對電腦來說，熒幕就像一幅布滿網格的地圖，我們需要明確地告訴電腦，角色要怎樣移動。

請你仔細觀察右頁的藏寶圖，讓我們來一起練習如何讓程式中的故事角色移動吧！

尋寶遊戲

不好了！數據得被海盜蒙住了眼睛！請你來幫忙給他行動指示，好讓數據得能夠找回他的寶藏吧！

你可以向他下達以下 4 種指令：
- 向左移動（設定距離數值）
- 向右移動（設定距離數值）
- 向上移動（設定距離數值）
- 向下移動（設定距離數值）

例如：如果想幫助他拿到一隻小鴨子，你可以說：

> 向右移動 5 格
> 向上移動 1 格

（答案見第 99 頁）

請按照第 44 頁上的例子，幫助你進行下面的任務。祝你好運，我親愛的小伙伴！要小心海盜和毒蛇啊！

任務 1. 前往取得寶藏，途中必須避開海盜和毒蛇。

任務 2. 前往取得寶藏，並在途中收集兩隻小鴨子。

任務 3. 前往取得寶藏，並在途中收集兩隻小鴨子，而且必須穿過橋下。

任務 4. 前往取得寶藏，並在途中收集兩隻小鴨子，而且必須從橋上經過。

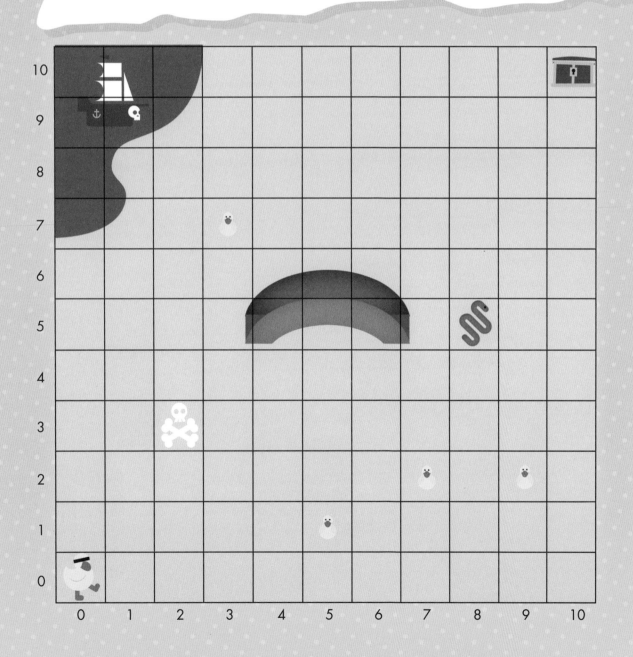

下達指令

在開始編寫一個程式之前，我們必須先思考需要電腦做什麼事情。接着，我們要將那件事情分拆成一系列指示。因為電腦無法自己思考，我們必須詳細地思考進行任務的事件，然後給電腦按順序列出每一個步驟（sequence）。

比如說，我們為一個機械人設計程式，讓它負責給小狗餵食，那麼我們就得考慮到以下這些問題，這樣我們才能知道，應該給機械人下達哪些指令：

小狗什麼時候會吃東西？
小狗會吃多少東西？
小狗吃什麼東西？
東西得裝在什麼容器裏？
小狗在哪裏吃東西？

當我們回答了以上所有的問題之後，才能開始順序給它下達指令，建立演算法。比如：

下午 3 點，把一勺狗糧倒在廚房地板上的塑膠碗裏。

如果我們遺漏了其中的任何一點，程式就會出錯，可憐的小狗也會因此挨餓。

狗糧

機械人也是電腦的一種，我們必須清楚告訴機械人，要去哪個具體的地方，才能找到東西。指明地點的方法有很多種，「坐標」（coordinate）是其中之一的方法。

我們可以透過坐標來準確地指出位置，電腦就會知道它要找的東西究竟在哪裏。

坐標由兩個數字組成：x 值和 y 值。x 值從左到右橫穿地圖，y 值則是從下到上的。在標示坐標的時候，我們會先列出 x 值，然後才列出 y 值。

在地圖上給小狗定位！

在這張坐標地圖上，有一隻小狗、一個塑膠碗，一桶狗糧，還有一個機械人。你知道他們的正確位置嗎？

機械人所在位置的坐標是：
X=-240，y=0

請在下面空白的位置寫出他們的坐標位置。

1. 狗糧：
2. 塑膠碗：
3. 小狗：

（答案見第 99 頁）

y 軸

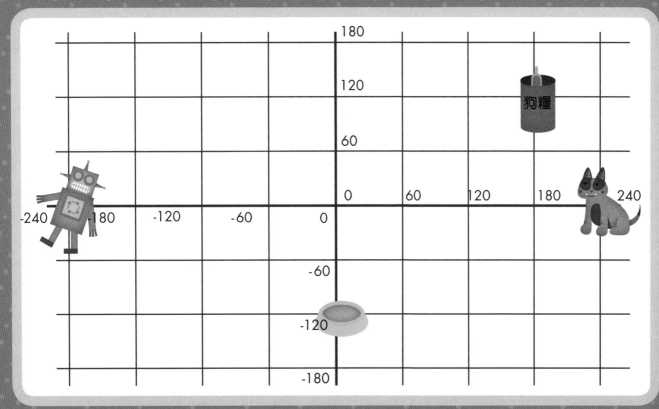

x 軸

{47}

編寫程式

我們不僅學會了如何給電腦傳達詳細的指令，還學會了如何以坐標來給電腦提供準確的方位。所以現在，我們可以開始編寫程式啦！

摘蘋果

數據得正想去摘蘋果，他需要摘下 3 個蘋果來做午餐呢。小朋友，請你幫忙一起指揮他的行動吧。請從右面的指令方塊中選出正確的步驟，並按順序，在 □ 內填上代表答案的英文字母。（答案可重複使用）

（答案見第 99 頁）

A. 前往 x=120,y=-180

B. 前往 x=-180,y=120

C. 將籃子提起

D. 前往 x=-120,y=-60

E. 前往 x=-240,y=-60

F. 前往 x=120,y=0

G. 把蘋果放進籃子裏

H. 前往 x=60,y=-120

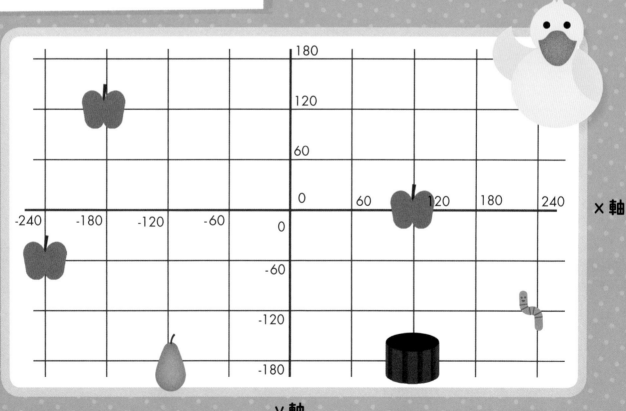

x 軸

y 軸

正確的次序： □ → □ → □ → □ → □ → □ → □ → □

有時候，電腦必須把同一個任務重複執行很多次。在這種情況下，程式員並不需要為每一次的任務單獨編寫指令，他只要在演算時使用迴圈（loop）——即「重複執行」指令，就可以做到了。

迴圈指令可以讓電腦不斷重複執行某個指令或序列。當然，程式員也可以給迴圈設定重複的次數。讓我來舉個例子吧！

假如現在，把你的朋友當成機械人，我們要他執行跳繩的指令。我們可以把這個指令設計成迴圈，讓「它」一直跳。

有了這個迴圈指令，「它」就會不停地跳啊跳，循環直到永遠，這可不行呢。所以，我們還得想辦法讓「它」停下，或者交給「它」另外一個任務。這時，我們就需要增加一個「條件」，當這個條件成立的時候，迴圈中的任務就會發生變化。

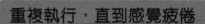

重複執行，直到永遠

跳繩

重複執行，直到感覺疲倦

跳繩

數據得

「條件」也同樣存在於我們的日常生活。比如說，做數學作業的時候，我們會把所有數值都加起來，直到沒有數值可以再相加。「沒有數值可以再相加」，就是一個條件。

解決問題

在編寫程式的時候，程式員還需要預測程式執行的結果。

看圖找答案

請看看右邊的這兩個程式。上面的 Python 程式會畫出什麼圖案呢？請你把答案寫在橫線上。

而下面的 Scratch 程式裏的小船又會做些什麼呢？請說說看。

（答案見第 99 頁）

```
Go To (0,0)
Pen Down
Go To (2,-3)
Go To (-2,-3)
Go To (0,0)
Pen Up
```

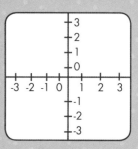

小提示：

請拿起你的筆，在方格紙上畫畫看吧！

答案：＿＿＿＿＿＿＿＿

點擊

重複執行，直到按下空格鍵

在 1 秒內，滑行到 x:100，y:0

在 1 秒內，滑行到 x:-100，y:0

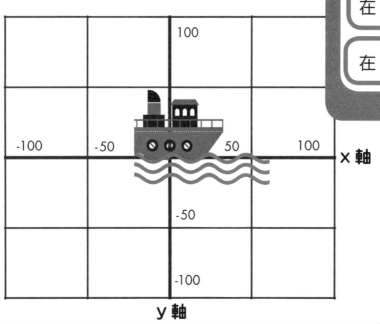

讓漏洞無所遁形吧！

要成為一位出色的程式員，除了要充滿創意，思考慎密，我們更要觀察入微，檢查程式的編碼並找出漏洞。這可是一項十分重要的工作呢！

請看看右邊的這兩個 Scratch 程式。它們看起來幾乎一樣，但是當中也有細微的差別，共有 4 處不同的地方。小朋友，你能在 B 組編碼中找出錯誤嗎？請把答案圈起來。

（答案見第 99 頁）

A

在我收到信息時
說 "你好"
問 "你叫什麼名字？"
不停重複
> 面向 15 度方向
>
> 移動 10 步

B

在我收到信息時
說 "你好"
問 "你今年幾歲了？"
重複 10 遍
> 面向 51 度方向
>
> 移動－10 步

第三篇

演算法與錯誤

希瑟·萊昂斯、伊麗莎白·托威戴爾 / 著

亞歷·西門 / 繪

讓我們一起探索吧！

大家好！我是**數據得**！從現在開始，將由我帶領着你們，一起來學習有關電腦程式的演算法和除錯的奇妙知識！

演算法是指正確地組合指令的方法，透過程式語言給電腦指派任務。現在，我們將會學習如何編寫演算法，如何測試，又如何完善它們。

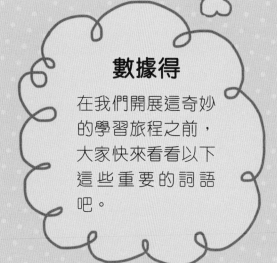

數據得

在我們開展這奇妙的學習旅程之前，大家快來看看以下這些重要的詞語吧。

- 演算法（algorithm）
- 序列（sequence）
- 編碼（code）
- 迴圈（loop）
- 除錯（debug）

無處不在的電腦

在我們的生活中，到處都可以發現電腦的蹤跡。除了一般的桌上個人電腦之外，現在很多大大小小的生活用品都用上電腦的微處理器，成為了智能產品，例如智能手錶、電子冰箱、電子吸塵機、手提電話和平板電腦等等。電腦可以幫助我們完成很多的事情，令我們的生活更輕鬆，比如視像電話、網上購物、網上搜集資料、處理文書和完成功課等等。

可是，電腦畢竟是機器，它們本身並不會思考分析，我們必須先給電腦輸入指令，然後它才能完成任務。在這個篇章裏，我們一起學習怎樣向電腦傳達指令。

數據得

電腦的所有指令都儲存在它的記憶體裏。

你發現了嗎？

在這兩頁裏，一共出現了5種不同類型的電腦，你都找到了嗎？你知道它們各自的用途嗎？請說說看。

（答案見第 99 頁）

什麼是演算法呢？

「演算法」這個詞語，聽起來好像很複雜。其實，它的意思很簡單，就是指把寫給電腦的一連串有明確次序的步驟和指示集合起來，讓程式運行以執行任務。簡單來說，演算法是一連串步驟，好比食譜內的步驟。

電腦依賴演算法來完成我們指示它完成的所有任務。因此，我們必須把要做的事情分拆成為順序的步驟，並在演算法中給予清晰的指令，這樣電腦才能清楚明白自己將要做些什麼。

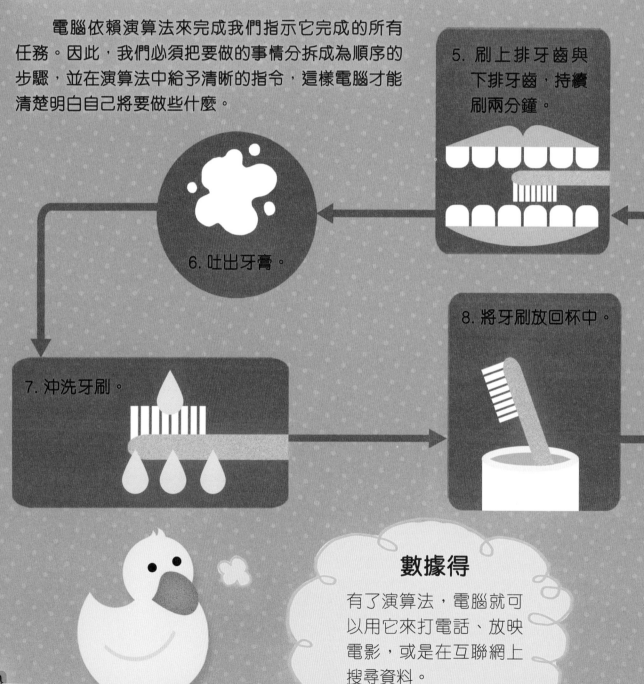

5. 刷上排牙齒與下排牙齒，持續刷兩分鐘。

6. 吐出牙膏。

7. 沖洗牙刷。

8. 將牙刷放回杯中。

數據得

有了演算法，電腦就可以用它來打電話、放映電影，或是在互聯網上搜尋資料。

我們在日常生活的方方面面，都離不開演算法。比如刷牙，也有它的演算法，看看下面的刷牙流程圖示例：

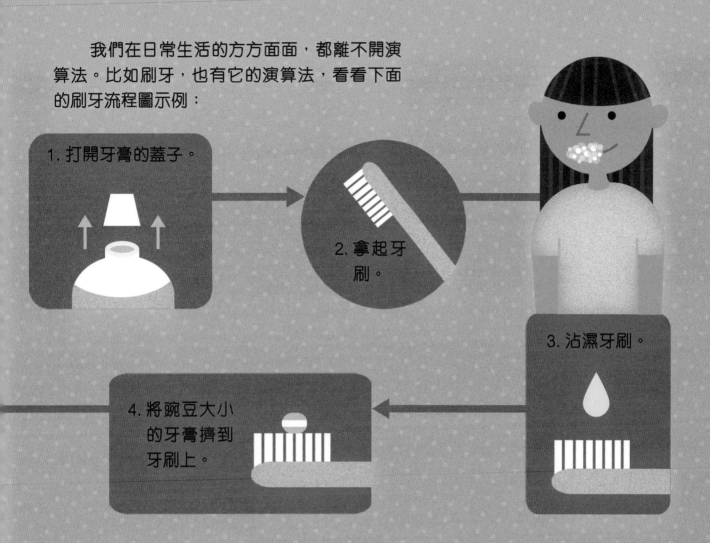

1. 打開牙膏的蓋子。

2. 拿起牙刷。

3. 沾濕牙刷。

4. 將豌豆大小的牙膏擠到牙刷上。

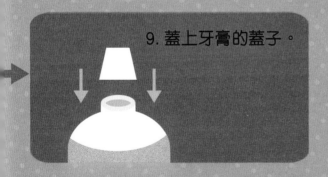

9. 蓋上牙膏的蓋子。

你也能寫出演算法

現在，快來試試寫下你的演算法吧！請你寫下在每天早晨上學前的準備，從你起牀，一直到離開家門，你需要完成哪些事呢？記得要把這些事情分拆成為一步步的指示，仔細想想，可千萬別漏了！

（參考答案見第 99 頁）

順序，順序！

要使演算法正常運行，演算法中的每一個步驟就必須按照正確的順序排列，這個順序稱為「序列」（sequence）。

在編寫演算法的時候，我們必須安排好正確的序列。這就好比早上起牀，我們得先穿襪子，再穿鞋子。要是反了過來，那該有多好笑呀！

數據得

如果步驟順序出現了錯誤，演算法可就要失靈啦！

曲奇餅的演算法

數據得最愛吃巧克力曲奇餅了。他寫了一個演算法，好讓他依照步驟來做曲奇餅。可是，他把次序全給弄亂了，真糟糕！小朋友，你能幫助他將這些步驟排列放正確次序嗎？

（答案見第 99 頁）

A. 將牛油與砂糖混合在一起，隨後加入雞蛋與麵粉，最後加入巧克力碎。

B.

關閉烤箱。

D. 在烤盤上噴些油。

C. 將一勺勺混合物分別倒在烤盤上，烘烤 10 分鐘。

E. 盡情享用美食啦！

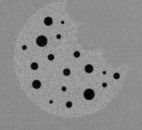

F. 預先將烤箱加熱到正確的溫度。

180℃

{61}

移動起來

演算法都是用「編碼」（code）寫成的。什麼是編碼呢？編碼是一種電腦能夠理解的語言。

當我們在電腦上製作角色動畫時，我們得使用編碼告訴電腦，角色應該在螢幕上的哪個位置登場亮相。

如果要讓角色移動起來，我們就需要一次又一次地改變角色的位置。

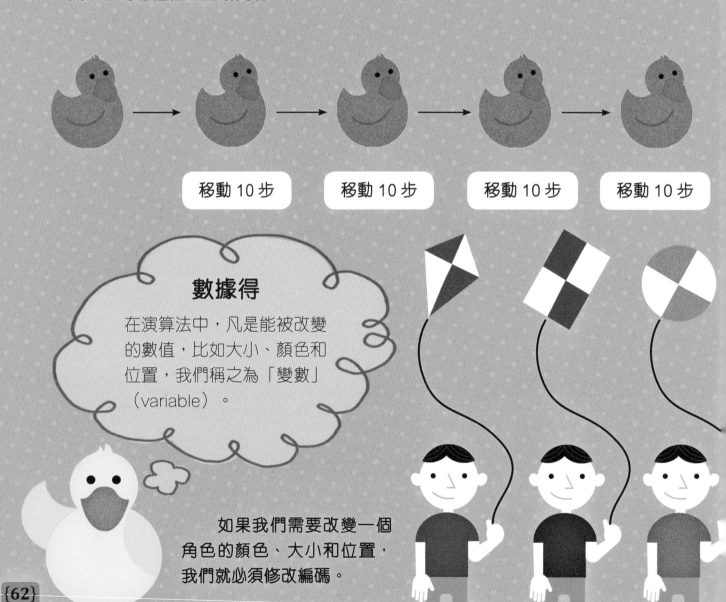

移動 10 步　　移動 10 步　　移動 10 步　　移動 10 步

數據得

在演算法中，凡是能被改變的數值，比如大小、顏色和位置，我們稱之為「變數」（variable）。

如果我們需要改變一個角色的顏色、大小和位置，我們就必須修改編碼。

找出變數

這些程式中的故事角色被移動了，請在以下兩幅圖中找出 4 個不同之處（即是變數），並說說看。
（你可以參考右面的小提示）

位置
大小
服飾
方向
動作

（答案見第 99 頁）

A

B

一圈又一圈

有時候，我們需要電腦重複執行同一個任務。我們把這樣的重複指令稱為「迴圈」（loop）。

在日常生活中，我們每天都會重複進行很多任務。比如走路上學時，我們必須不停地把一隻腳挪到另一隻腳的前面。又比如騎單車時，我們的雙腳得不停地畫圈。如果要一台電腦完成這些事，那就簡單多啦！因為，我們可以使用「迴圈」指令。

數據得

當我們想讓電腦重複任何一個動作，或是任何一條指令時，程式員只要使用「迴圈」指令就可以做到了。比如，我想從熒幕的一端走到另一端。

在第 62 頁上，我們給數據得下達 4 次「移動 10 步」的指令，才能讓它從左邊走到右邊。現在，我們可以直接把一條指令套進迴圈，比如下面這樣：

重複 4 遍

移動 10 步

果醬三明治

這個人在一間售賣三明治的店舖裏工作，負責製作食物。現在，他需要製作 10 份果醬三明治，請你為他想一想製作果醬三明治所需的步驟，並給他寫出一套在電腦執行的迴圈指令吧！

（參考答案見第 100 頁）

給程式進行預測

在要求電腦執行指令之前，我們應該對編寫的演算法進行預測，看看它究竟會達到怎樣的效果。

讓我來舉個例子吧：如果我們要在電腦上播放電影，只要按下「播放」按鈕，它自然會開始播放電影。要是在電腦上所設定的演算法的步驟有問題，那麼電影就播放不成了！

來看看下面的這個演算法：如果我們把這些指令傳達給數據得，你能預測出他的變化嗎？

> 縮小 10%

> 旋轉 90 度

數據得會變小，還會轉向四分之一個圈，如右圖般倒臥在地上。

現在，如果我們把上述的演算法進行一次修改，你還能預測出接下來將會發生什麼嗎？

數據得的動作會和剛才一樣，可是會重複 4 次！所以，他會變小 4 次，並轉四個 90 度，最後回到原位，就像下圖一樣。

重複 4 遍

> 縮小 10%

> 旋轉 90 度

猜猜形狀

你能猜出數據得正在畫什麼形狀嗎？

重複 4 遍
　　移動 4 步
　　旋轉 90 度

（答案見第 100 頁）

現在，請你試試設計指令！小朋友，你知道應該怎樣在電腦上畫出下面這三種形狀嗎？

十字形狀

T 字形狀

L 字形狀

你可以先把這些指令寫在一張白紙上，然後分享給你的朋友，看看他們能否猜出你想畫的形狀。

決定，決定！

有時候，只有當一個特定的條件成立時，電腦才需要去執行任務。它怎樣作出決定呢？程式員只要使用「如果語句」（IF statement）就好了！

打個比方：如果我們讓數據得在頁面上不停地向右移動，它一定會移出這個頁面。這當然不行！我們只要用上「如果語句」，就不會再出現這樣的問題了。

重複 4 遍

移動 10 步

碰到邊緣就反彈

再舉一個例子：假如現在，電腦需要替數據得決定他今天的裝扮。那麼首先，它會查看天氣。接着，它就會根據一系列的「如果語句」作出決定：

如果陽光燦爛，它就會讓數據得戴上墨鏡。

如果陰雨連綿，它就會讓數據得帶上雨傘。

如果大雪紛飛，它就會讓數據得戴上暖和的帽子。

數據得

怎樣編寫「如果語句」呢？首先，你可以想出一個問題去問你的朋友，比如：「外面在下雨嗎？」如果回答是肯定的，他們就會採取這個行動：把傘帶上。

就這樣，我們的「如果語句」也就寫好啦：
如果外面在下雨，
就把傘帶上。

打個比方，你們可以使用下面這些語句：

如果你擁有一把長頭髮，就請單腳站立。

編寫語句

現在，邀請你的朋友們，一起來玩一個「如果語句」的遊戲吧！

1. 在三張紙上分別寫出三句不同的「如果語句」。
2. 把三張紙對摺數次，放進一頂帽子，用力搖晃，然後每個人輪流抽取一張。
3. 抽到的人大聲唸出紙上的「如果語句」，大家一起根據語句的內容，作出反應。

如果你是女孩，就請舉起你的雙手。

如果你是男孩，就請觸摸你的膝蓋。

搜尋與排序

演算法還有一項重要的功能，就是幫助我們搜尋資料，並對它們進行排序。

比如說，電腦可以根據英文字母的順序，將不同的名稱按照 A、B、C、D…… 的先後順序進行排列，方便我們尋找檔案。

數據得

想利用演算法幫助我們整理數據，這很簡單，只需要兩樣東西：
1. 有待整理的數據；
2. 排序數據的規則。

朋友排排站

小朋友，想想你有多少個朋友？只要跟着下面這些簡單的步驟，你就能像電腦一樣，把朋友們的資料整齊排列，輕易搜索出他們了！

1. 在紙上寫下 8 位朋友的名字。

2. 把這些名字分別剪成 8 張紙張，然後放進信封。

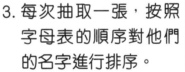

3. 每次抽取一張，按照字母表的順序對他們的名字進行排序。

4. 你能想到其他排序的規則嗎？比如按照身高？或者是年齡？

尋找錯誤

在我們的日常生活中，演算法可是十分有用呢！但是偶爾，電腦程式也會出錯。這時，我們就需要找出當中的原因，也就是找出演算法中出現的錯誤。

電腦程式員需要仔細地檢查演算法，然後找出錯誤，再進行改正，這個過程叫做「除錯」（debug）。其中有兩種常見的錯誤：遺漏了某個步驟，或者是步驟的順序出錯。

數據得

電腦剛誕生的時候，簡直就是龐然大物！突然有一天，一台巨型電腦停止了運作。科學家們就把它拆了開來！你猜他們在裏面發現了什麼？原來，有一條蟲子（bug）！後來，人們也把程式的錯誤或漏洞，稱為「bug」了。

牀上的臭蟲

夜深了，小朋友，你該上牀睡覺啦！在下面的這條演算法裏，有兩條代表錯誤的臭蟲。你能找出它們嗎？請你把答案圈起來。

(答案見第 100 頁)

1. 穿上睡衣。

2. 刷牙。

4. 上牀。

3. 穿上睡衣。

5. 關燈。

6. 閱讀睡前故事。

睡前
故事

7. 閉眼睡覺。

第四篇

安全上網的法則

希瑟・萊昂斯、伊麗莎白・托威戴爾 / 著

亞歷・西門 / 繪

讓我們一起探索吧！

大家好！我是**數據得**！從現在開始，將由我帶領着你們一起去學習如何安全地遨遊數碼世界。

想要成為未來的程式設計能手，我們就得先學會：怎樣去做一名互聯網超人，既能在網上探索一個又一個的神奇角落，又能好好保護我們的個人資料，遠離陌生人。

數據得

在我們開展這奇妙的學習旅程之前，大家快來看看以下這些重要的詞語吧！

互聯網
Internet

瀏覽器
browser

劃一資源定位
URL

用戶名稱
username

互聯網協定地址
IP address

萬維網
World Wide Web

cookie

搜尋器
search engine

網絡欺凌
cyberbullying

什麼是互聯網呢？

互聯網（Internet）是一個十分龐大的網絡，把世界各地的電腦連結在一起。如果沒有各式各樣的數碼設備，就不會有這樣的一個網絡。

互聯網裏的電腦形形色色，有的會是一台大型機器，也有的像手機那樣的小巧數碼設備。只要電腦連上互聯網，就能在彼此之間發送信息，交換封包（我們稱之為「數據」）。我們可以把它當成一種郵政服務，而且是速度超快的郵政服務！

數據得

在互聯網上，我們可以瀏覽許許多多的信息。其中的一部分是以網頁形式出現的。這些網頁連繫在一起，就組成了萬維網（World Wide Web，簡稱www）。

互聯網城市

互聯網與萬維網的合作方式，就好像一座城市。城市裏的道路好比網絡電纜，將所有東西連在一起。城市裏的樓房則好比電腦，樓房有高有矮，就像電腦有大有小。行駛在路上的車輛，比如小汽車，就是信息（網頁），它們四處移動。你也快來試試，建造一座屬於你自己的互聯網城市吧！

材料：
- 一張畫紙
- 不同顏色的畫筆，包括綠色、紅色和藍色。

步驟：
1. 拿一張紙，先畫出一張道路網絡；
2. 添加幾幢房屋；
3. 畫一輛貨車；
4. 畫一輛汽車；
5. 畫一輛電單車；
6. 畫一輛單車。

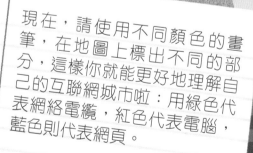

現在，請使用不同顏色的畫筆，在地圖上標出不同的部分，這樣你就能更好地理解自己的互聯網城市啦：用綠色代表網絡電纜，紅色代表電腦，藍色則代表網頁。

Hello,
World!

瀏覽網頁

要在萬維網上找到你需要的資料，你就得使用一種相關的電腦或手機程式，它叫「網頁瀏覽器」（web browser）。

常用的網頁瀏覽器包括：Chrome、Safari、Firefox、Internet Explorer 和 Opera。瀏覽器能夠幫助你在萬維網上找到並顯示資料，這些資料可以是網頁，也可以是圖像或者影片。

互聯網上的所有網頁都有一個特定的地址，叫做「劃一資源定位」（Uniform Resource Locator，簡稱 URL）或稱「網址」。有了網址，我們就能找到網頁。比如谷歌 Google，它的 URL 是：www.google.com。URL 是用來告訴瀏覽器資源的「種類」、「所在位址」及「存取方式」。當我們把 URL 的各個部分輸入地址欄，其實就是在引導瀏覽器到達一個指定的網頁。

如果我們要瀏覽一個網站的某部分的內容，那麼 URL 也會變得更加複雜。大家快來看看以下的網址吧。

http://www.sunya.com.hk/tc/news_toplist.php

http：這個名稱表示網頁傳輸到你電腦的方式。如末端帶有「s」則說明：網頁的傳輸是安全的。

www：表示萬維網

sunya：公司、學校或機構的名稱

.com.hk：域名顯示網頁的所屬國家或是機構的類型

這個部分告訴我們：這個網頁儲存在網站的哪個地方

建立一個 URL

假設你要自己創建一個網頁。你能把下面的這些方塊按照順序排列,組成一個正確的 URL 嗎?請在紙上重組網址吧!

小朋友,排好了嗎?現在,把你寫下的網址輸入瀏覽器。你發現了什麼呢?

(答案見第 100 頁)

A. tc/news_

B. www.

C. .sunya.

E. awards_books.php

F. com.hk/

D. http://

數據得

當我們連接上互聯網時,就可以說我們是「在線」(online) 的。我們的電腦、手機或是平板電腦需要通過某種方式連接上網,這樣才能使用瀏覽器瀏覽網頁。

當你的電腦或是手機連線上網時,你可能會看到它的熒幕上出現右邊的圖示:

((4G))

搜尋器

互聯網上的「玩意兒」實在太多了，所以，單單靠我們自己，是很難找到我們感興趣的信息的。這時候，就需要搜尋器（search engine）的幫助啦！只須要輸入想查找東西的關鍵字，搜尋器就可以很快找到包含我們所需信息的網頁。

這些搜尋器，比如雅虎（Yahoo）、谷歌（Google），使用一種叫做「爬蟲」（crawler）的機械人，檢索互聯網上的所有網頁。爬蟲先瀏覽內容，然後記錄下所有它找到的詞語。

隨後，這些詞語會經過歸類，整理成一份索引，它就像一本厚厚的名冊一樣。當我們使用搜尋器尋找信息的時候，它就會使用這份索引，將搜尋的結果列成清單給我們。

數據得

互聯網上有超過一萬億個網頁，而且這個數字每天都在增加喔！

大還是小？

搜尋器通過一些特定的步驟對信息進行分類和整理，這就好像電腦程式員在寫編碼的時候，使用演算法一樣呢。現在就讓我們來猜猜，在索引裏尋找信息的時候，搜尋器可能會採取哪些步驟呢？

你可以找一個朋友，讓他在 1－8 之間隨意選擇一個數字，但是先不要告訴你。然後，請你問他下面這幾個問題，看看你是不是能在 3 個問題之內猜到答案！

你能發現這些問題當中的規律嗎？

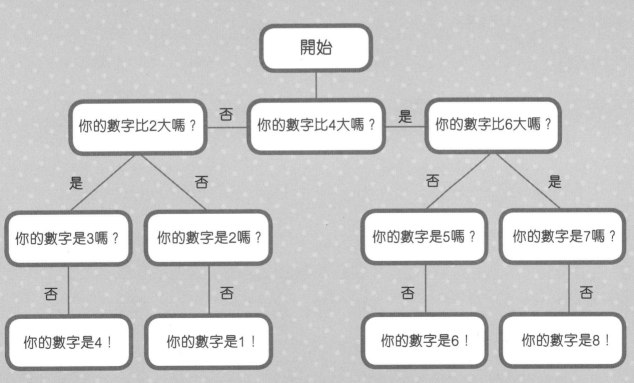

記錄在線行為

網頁使用cookie在網上跟蹤我們。每當我們訪問一個網頁時，cookie就會儲存下信息，續漸形成我們的在線行為。

Cookie 本身也是一小條信息，網站先把它發送給我們的電腦，接着，它就會把關於我們的信息再回傳給網站，比如我們點擊了什麼，我們在這個網站上停留了多長的時間等等。

有時候，因為有了 cookie，我們就可以更方便地使用網站。比如說，如果我們要在網上購物，那麼 cookie 就會向網站提供信息，告訴它，我們可能會買些什麼東西。

數據得

當我們第一次瀏覽一個網站的時候，cookie就會自動下載到我們的網頁瀏覽器上，記錄下我們的行為。當我們第二次溜覽這個網站的時候，瀏覽器就會檢查，看看是否已經有了這個網站的cookie。如果已經有了，那麼瀏覽器就會把cookie重新發回給網站，幫助網站記住我們，並且補充新的信息。

Cookie 的蹤跡

大家要緊記，一旦我們在線，cookie 就會一直跟蹤我們，記錄我們的行為。

你看！小明把幾塊巧克力曲奇餅扔在一些網站裏，小欣則在另一些地方丟下了花生醬三明治。

請你來趕快找找，哪些網站是他們都感興趣的呢？而哪一些，只有小欣瀏覽了呢？請說說看。

（答案見第 100 頁）

Kids Reads
兒童讀物

CBBC
英國廣播公司兒童頻道

Pottermore
《哈利波特》
官方網站

Nasa Kids'Club
美國太空總署
兒童俱樂部

Art Games
藝術小遊戲

Sun Ya Book Club
新雅書迷會

盡情遨遊

我們可以在電腦瀏覽許多網站，進行不同的活動，例如在網上購物，搜索去博物館的路線，還能觀看足球比賽。

我們在網上所瀏覽的網頁，來自世界各地，是由許許多多的電腦程式員創建的。在虛擬的網絡世界裏，什麼東西都有可能出現，有些更是不適合我們觀看，甚至讓你有不愉快的經歷，因此我們必須好好保護自己，就像在現實世界裏那樣。

在現實世界裏，我們不會獨自去那些陌生的地方，也不會把我們的名字和地址隨便告訴陌生人。

在瀏覽網站時，一定要記住：如果你在網上看到了一些讓你感到困惑的文章、圖片或影片，要立刻告訴爸媽，聽取他們的意見。如果在你使用電腦的時候，有大人在身邊陪伴，那就再好不過啦！因為這樣，你就可以隨時聽取他們的意見。

所有和互聯網連接的電腦或是數碼設備，都有它們各自的互聯網協定地址（IP adderss，或稱 IP 地址），以識別。每個 IP 地址由四組數字組成，類似下面這個：10.98.242.173。

如果你遇到以下的情況，你會怎麼做呢？請說說看。

- 如果你在網上看到了某些東西，讓你感到很難過，或者很不舒服⋯⋯

- 如果你在線時，突然看到有個小窗口出現在熒幕上，不停地閃動，還要求你點擊⋯⋯

- 如果你瀏覽的網頁要你填寫自己的姓名⋯⋯

- 如果你在網上發布了一張照片，而有人說了些很難聽的話⋯⋯

（參考答案見第 100 頁）

數據得

IP地址能夠向人們顯示：你的電子設備是在哪座城市，哪個國家，你又是通過什麼方式連接上網的。你可以在 google輸入「IP adderss」，查找你自己的IP地址。

130.26.153.33

保護私隱

在互聯網的世界，可以讓世界各地互不認識的人溝通，然而，網上並非所有事情都是美好的，大家要注意網上的資訊並非全是真實、可信的。有時候，當我們瀏覽一個網站的時候，更會被要求提供我們的個人資料。

任何人都可以建立自己的網站或發布消息，而向我們索取資料的，偏偏就是這些陌生人。一定要記住，絕不可以向陌生人透露我們的個人資料。

如果你不能肯定，什麼資料是可以在網上提交的，那麼就問問自己，如果是在現實世界裏，你會把這些資料告訴陌生人嗎？

要成為一名互聯網超人，你就必須做到安全並聰明地上網。不要忘了，很多時候，超人可都是帶着面具的！他的身分怎麼可以隨便讓人知道呢？

（參考答案見第 100 頁）

數據得

千萬記住，當我們把資料輸入一個網站的時候，這些資料可不止我們自己能看到，那些我們不認識的人，同樣可以看到喔！

成為一名真正的互聯網超人吧！

下面的這張表格來自於一個購物網站。想要成為一名真正的互聯網超人，你就只能填寫其中一部分資料，而這些內容，絕不可以洩露你的身分！

請你好好想一想，哪幾個部分是你可以填寫的呢？請說說看。

網上購物

玩具　遊戲　書籍　　我的購物籃

你的名字	
你學校的名字	
你寵物的名字	
你父母的名字	
你的生日	
你最喜歡的顏色	
你父母的電郵地址	
你最喜歡的球隊	
上傳一張你的照片	
你父母的電話號碼	
你的地址	

我們的數碼身分

我們的數碼身分，是指網上一切有關我們的資料。它的組成部分，就是我們在網上留下的所有內容。

我們發布的每一張照片或影片，寫下的每一句話，都會構成我們的數碼身分。一旦它們被儲存在互聯網上的某個地方，想要再清除它們，都會變得不可能。

麗莎·史密斯　　4月7日

8

今天是我的生日，媽媽給我做了一個超級漂亮的蛋糕！

數據得

我們在網上留下的所有資料，就好像紋身一樣，難以去掉。這些關於我們的資料會一直保存在那裏，只要有人刻意查找，就可以找到它們。

到目前為止，我們已經知道有三種方式會把我們的資料儲存在網上：

- Cookie
- IP 地址
- 你在網頁表格中填寫的資料

請你好好想一想，cookie，IP 地址和你填寫的表格，會透露哪些關於你的資料呢？

即使我們小心翼翼，不在網站上主動填寫個人資料，人們也可以透過搜索和收集我們曾經在網上發布的不同信息，來發現我們的身分。

整理線索

在這兩頁上，你會看到一個女孩發布在網上的信息。試試仔細分析這三條信息，你能從中了解到什麼嗎？請說說你的分析結果吧。你是不是發現，從人們留在網上的照片、影片或是文字，就可以大致描繪出他們的生活呢？要在網上找出一個人的身分實在太容易了！

明妮斯

電影皇后麗莎：

我一直都愛看喜劇。這部電影真是超級好看，而且主角的樣子跟我也挺相似呢！

弗雷迪‧腳法帝的精彩入球

電影皇后麗莎：

真是一場精彩的比賽！我們的城市能有伯明翰聯隊這樣出色的隊伍，真是太幸運啦！

安全第一！

如果我們時時刻刻都要想着保護個人私隱，那互聯網該會變得多麼無聊啊！互聯網最大的功能不就是為了讓我們和朋友一起分享信息，一起看好玩的東西嘛！

當我們要把自己的作品或是照片發布到網上時，我們得先問自己幾個問題：

只有學校裏的
孩子和大人

誰能看見這個網站

任何地方的
孩子和大人

我可以發布！（如果你沒有把握，可以請教身邊的大人。）

一定要確保你調整了網頁上的私隱設置，確保只有你的朋友們能夠看到了。

許多社交網站分享平台都有「私隱設置」，它可以讓我們選擇，哪些內容屬私隱，哪些內容可以公開。

所有我們第一次瀏覽的網站，或是我們第一次下載的手機程式，我們都應該對它們進行私隱設置。

私隱設置

誰能看到我的分享內容？

 僅朋友可見

 朋友的朋友

 所有人

許多網站都會詢問我們：是否已經擁有一個賬戶，並要求我們「登入」。這就意味着，要獲取這個網站的主要信息，我們需要一個用戶名稱，還有一個密碼。

很重要的一點是：我們想出的用戶名稱和密碼必須是我們自己能夠記住的。要經常更改你的密碼，而且千萬不能隨便透露超人密碼喔！那可是高度機密！

數據得

很多情況下，任何人都可以看到你的用戶名稱，所以，你必須想出一個特別的名字。超人的身分，怎麼可以隨便讓人知道呢！

我的秘密名字與密碼

你能想出幾個獨特的用戶名稱嗎？拿張紙來，寫出 5 個，怎麼樣？

你能想到什麼密碼呢？你必須確保，它們不會被人猜到！試試在你的密碼中使用數字與字母的組合吧！請寫下你最有把握的 5 個！

分享就是關心

孩子們和大人們經常在一些網站上分享信息，這樣的網站有很多，通常被叫做「社交媒體」（social media）。

在社交媒體網站上，我們都有一個屬於自己的帳號，可以分享有關我們的資料。近年，網路上著名的社交媒體網站有：臉書（Facebook）、推特（Twitter），還有 Instagram 照片分享。

大多數的社交媒體網站只對 13 歲或以上的人士開放。在註冊之前，許多網站會詢問我們的出生日期，因為有些內容並不適合兒童瀏覽。

數據得

在社交媒體網站上，我們可以和自己的朋友及陌生人互相聯絡。這就意味着，在這些網站上「交朋友」的時候，我們必須格外小心。我們要精明地辨認，這些人我們是不是認識的，是否可以相信的。有時候，大壞蛋會隱藏他們的真實身分，對我們撒謊。

有時候，人們會在網上發表一些惡意的評論，這樣的現象叫做「網絡欺凌」（cyberbullying）。如果我們在網上看到了某些讓我們難過或是害怕的東西，一定要告訴身邊的大人。

作為互聯網超人的你應該知道，如果有些話不應該當面對人說，那也不應該在網上說。

小心評論

數據得在他學校的網站上發布了一張圖片，收到了許多同學的評論，下面就是其中的一些：

開學日期　　　新聞　　　圖片庫

 ProudGeek87　　你的腳臭死了！

 FootballFan4Eva　這張圖片真好看！

 BookLover12　　我很喜歡你畫的花朵。

 TimeToShine　　你是我最好的朋友。

當數據得讀到這些評論的時候，你覺得他會是怎樣的心情呢？請你試試用圖畫來表達他的心情吧。

{95}

重要詞滙表

副檔名（file extension）	電腦中有各式各樣的檔案，而「副檔名」就是檔案名末的字母，能告訴我們檔案的種類。（P.17, 22, 23）
輸入（input）	把信息傳給電腦的裝置，比如滑鼠。（P.14-15）
輸出（output）	把信息從電腦傳出的裝置，比如打印機。（P.14-15）
記憶體（memory）	電腦儲存信息的地方。（P.14）
檔案（file）	信息儲存在電腦裏的形式。（P.16, 18-19）
位元（bit）	電腦記憶體的最小單位（＝0 或＝1）。（P.20-21）
位元組（byte）	相等於 8 位元。（P.20-21）
千位元組（kilobyte）	相等於 1,000 位元組。（P.21）
處理器（processor）	負責接收指令，電腦就會根據指令採取行動。（P.14, 20）
百萬位元組（megabyte）	相等於 1,000 千位元組。（P.21）
吉位元組（gigabyte）	相等於 1,000 百萬元組。（P.21）
元數據（metadata）	具體地描述數據的相關信息，比如，描述電腦上一個檔案的信息（檔案的建立時間，檔案種類等）。（P.21）
像素（pixel）	電腦熒幕上的一個小點，用來顯示文本或圖像。它可以被打開，也可以被關閉，還可以任意變成百萬種顏色中的其中一種。（P.24）
動畫（animation）	令出現在熒幕上的事物移動，做出不同的動作，變得栩栩如生。（P.26）
編碼（code）	電腦程式使用的指令語言。（P.34, 38）
演算法（algorithm）	一系列指令的集合，給電腦指派任務。（P.40, 58）

錯誤（bug）	電腦程式中的錯誤或漏洞。（P.40）
除錯（debug）	找出電腦程序中的漏洞或錯誤，並將它糾正。（P.40）
語法（syntax）	電腦語言中的語句結構。（P.40-41）
條件（condition）	影響電腦程式指令的因素。（P.43）
坐標（coordinate）	標示位置的一種方法。坐標由兩個數字或字母組成：其中一個代表水平位置，另一個代表垂直位置。（P.47）
迴圈（loop）	不斷重複。執行某個指令或序列，即「重複執行」指令。（P.49）
序列（sequence）	一系列的步驟按照某種規定所排列的次序。（P.46, 58）
變數（variable）	在演算法中，會改變的數值，例如大小、顏色和位置。（P.62）
互聯網（Internet）	一個連接所有電腦的龐大網絡。（P.78）
劃一資源定位（URL）	一個特定網站的地址。（P.80）
搜尋器（search engine）	這個網頁程式會針對我們所提供的主題在網上進行搜尋。（P.82）
關鍵字（search keyword）	它概括了我們在網上所要查找的資訊內容，可以是一些詞語或名稱。（P.82）
瀏覽器（browser）	我們進入萬維網瀏覽網頁所使用的軟件程式。（P.82-83）
cookie	一種信息包，會持續追蹤記綠你的上網行為。（P.84-85）
互聯網協定地址（IP address）	由 4 組數字組成的地址，可以識別連接上網的電腦或數碼設備。（P.87）
用戶名稱（username）	為了登錄網站賬戶所需要的名稱，用來識別你的身分。（P.93）
網絡欺凌（cyber bullying）	在互聯網上出現的惡意評論行為。（P.95）

答案

P.15

紅色圈代表輸入，**黃色圈**代表輸出。

輸入：

玩遊戲（用控制器來
移動遊戲中的玩家）

寫故事

拍照片

輸出：

看電影

聽音樂

打印故事

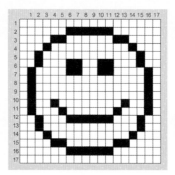

P.17

1-F, 2-E, 3-F, 4-D ,5-C, 6-A, 7-B

P.19

參考答案：

	檔案名稱	儲存位置
A.	我的暑假 .doc	「我的文件」資料夾
B.	太空簡報 .ppt	「學校作業」資料夾
C.	大樹 .jpg	「我的圖片」資料夾
D.	足球網頁「捷徑」	「桌面」

P.21

C ＜ A ＜ E ＜ D ＜ B

P.23

A. 太空人的故事 .doc， B. 放風箏 .mov，
C. 時間表 .xls

P.25

P.29

1. C, 2. A, 3. B

P.37

1.C, 2.A, 3.D, 4.B

P.39

四種語言同樣輸入了「Hello, World!」
HTML 使用了尖括號 <> 和斜槓 /；
Python 使用了圓括號（）；
Java 使用了各種括號：〔〕｛｝（）；
Scratch 使用了積木方塊，而不是符號。

P.41

第 5 行：把 "forward" 寫錯成 "for"；
第 7 行："forward" 前漏了一點；
第 10 行：在 "90" 前面漏了括號。

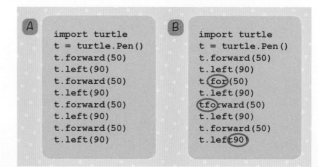

P.43

有肉的冷盤：C. 薯仔火腿沙律；

沒有肉的冷盤：A. 芝士三明治

P.44

以下步驟的移動步數最少：

任務 1：向右移動 10 格，向上移動 10 格。

任務 2：向上移動 2 格，向右移動 7 格，向右移動 2 格，向右移動 1 格，向上移動 8 格。

任務 3：向右移動 9 格，向上移動 2 格，向左移動 2 格，向左移動 2 格，向上移動 8 格，向右移動 5 格。

任務 4：向右移動 7 格，向上移動 2 格，向上移動 3 格，向左移動 4 格，向上移動 2 格，向上移動 3 格，向右移動 7 格。

P.47

狗糧的坐標：x=180，y=120。

塑膠碗的坐標：x=0，y= −120。

小狗的坐標：x=240，y=0。

P.48

正確的次序：A → C → F → G → E → G → B → G

P.50

Python 程式將畫出一個三角形。

Scratch 程式中的小船將在熒幕上不斷地前後滑行。

P.51

P.56-57

P.59

參考答案：

起牀→穿衣→刷牙→洗臉→梳頭→吃早餐→穿上鞋子和外套→背上書包→出門。

P.61

F → A → D → C → B → E

P.63

1. 服飾：數據得戴上了帽子；

2. 位置：老鼠與數據得交換了位置；

3. 方向：老鼠轉向了另一側；

4. 大小：老鼠變小了。

P.65

以下步驟僅供參考。也許你的果醬三明治做法，會有細微的差別喔！

製作一份果醬三明治的步驟：

1. 將一包麵包放到桌上；
2. 打開果醬；
3. 將果醬放到桌上；
4. 取兩塊麵包，攤開在工作台上；
5. 拿起刀；
6. 將果醬塗抹在其中一片麵包上；
7. 將另一片麵包蓋在剛才那片麵包上；
8. 將三明治沿對角線切成兩半；
9. 把刀放下。

做 10 份果醬三明治：

1. 將一條麵包放到桌上；
2. 打開果醬；
3. 將果醬放到桌上。

重複 10 遍：

1. 取兩塊麵包，攤開在工作台上；
2. 拿起刀；
3. 將果醬塗抹在其中一片麵包上；
4. 將另一片麵包蓋在塗有果醬的麵包上；
5. 將三明治沿對角線切成兩半；
6. 把刀放下。

備註：每份果醬三明治有兩件啊！

P.67

數據得畫出了一個正方形！

P.73

「穿上睡衣」在演算法中出現了兩次；「關燈」錯誤地放在「閱讀睡前故事」的前面。

P.81

D → B → C → F → A → E

P.85

小明和小欣都感興趣的網站是：美國太空總署兒童俱樂部。

只有小欣瀏覽了的網站是：《哈利波特》官方網站以及新雅書迷會。

P.87

1. 如果在網上看到了某些東西，讓你感到很難過，或者很不舒服，你應該告訴大人。
2. 如果一個奇怪的小窗口出現在熒幕上，你應該告訴大人。互聯網上傳送的某些信息並不適合兒童觀看，它們可能會包含一些不健康的內容。
3. 不要隨便把你的名字告訴網上的任何人，你可以請大人來幫忙判斷是否需要填寫個人資料。
4. 如果有人對你發布在網上的照片進行惡意抨擊，你應該跟大人傾訴。無論什麼時候，網絡欺凌都是不對的。

P.89

你可以填寫「你最喜歡的顏色」和「你最喜歡的球隊」，這兩項是安全的。「你寵物的名字」也可以填，但前提是：你沒有洩露其他的資料，比如你的住址，或是你經常玩耍的公園名字。除了這些，其他什麼也不能填。千萬記住，你透露的資料越多，就越容易被陌生人發現你的身分。